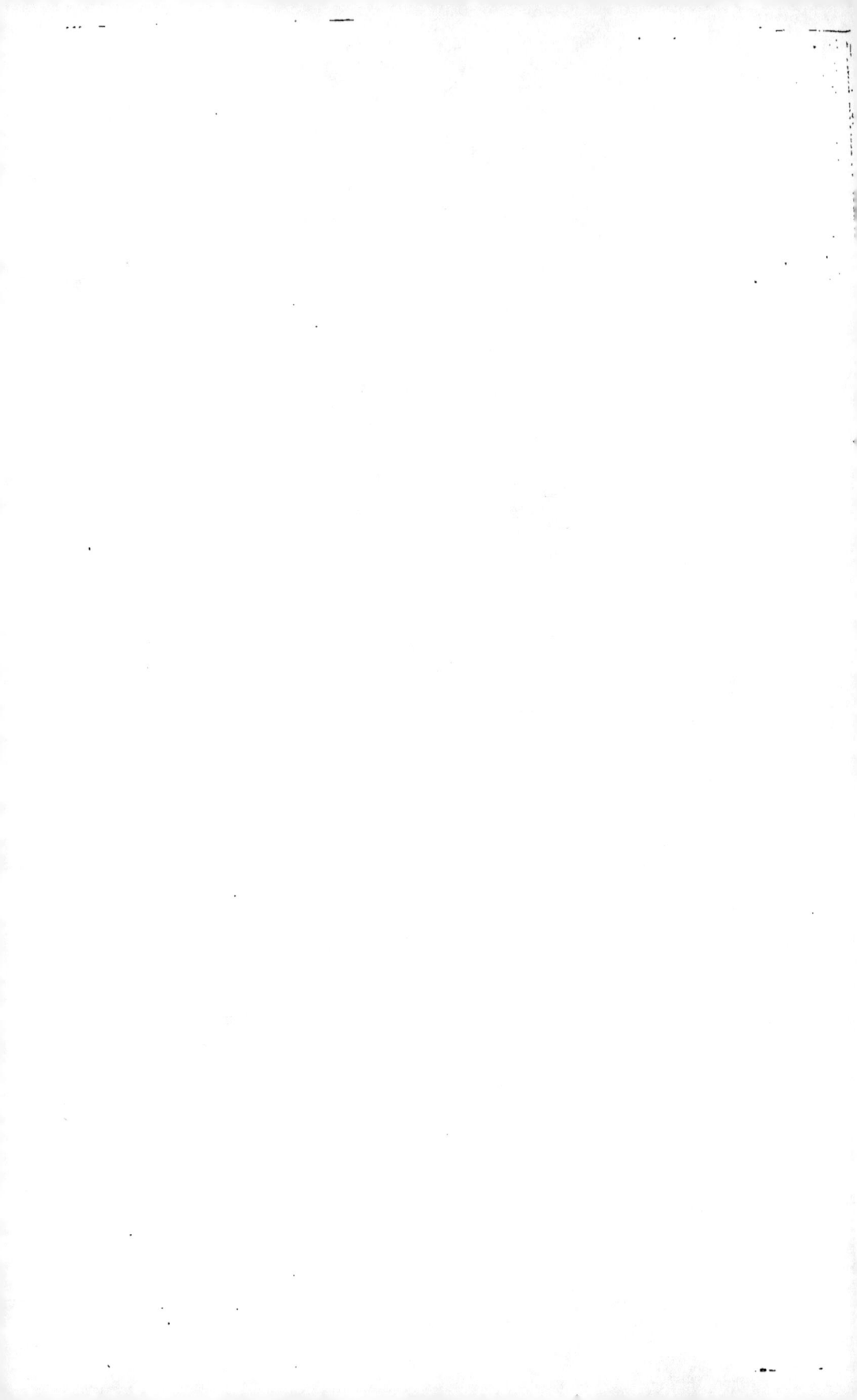

# NOTICE

SUR

# UN CRANE ANCIEN

DE CRO-MAGNON

(DE LA RACE CRO-MAGNON)

découvert à Cournon (Puy-de-Dôme)

en 1889

Par l'Abbé PINGUET

Ancien Vicaire de Cournon
Curé de Saint-Denis-Combarnazat

Lecture faite à la Société des Amis de l'Université de Clermont
(Procès-Verbal de la séance du 11 mai 1904)

✦❖✦

CLERMONT-FERRAND

IMPRIMERIE MODERNE, A. DUMONT, Direct<sup>r</sup>
15, rue du Port, 15

1905

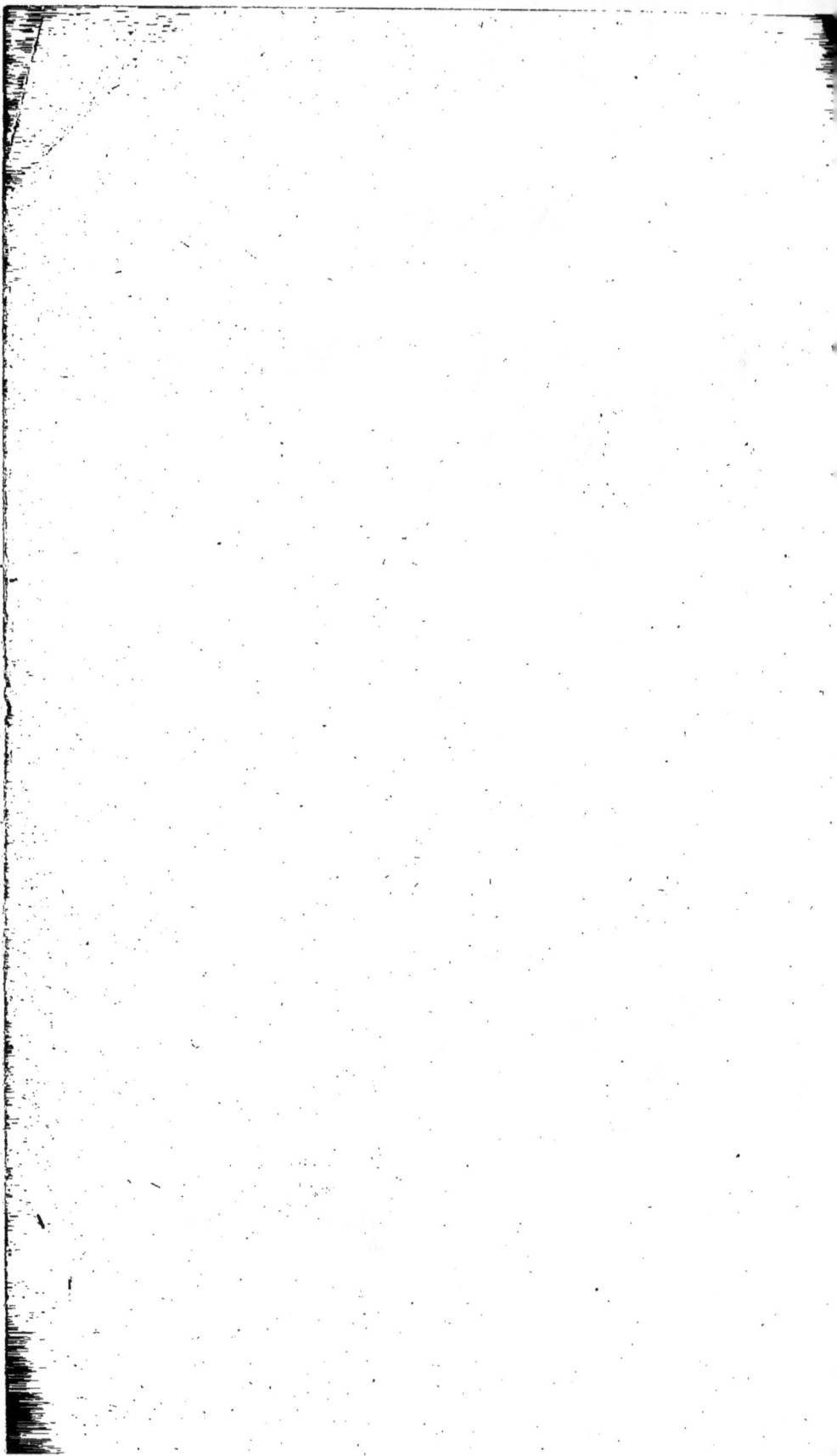

# NOTICE

SUR

# UN CRANE ANCIEN

## DE CRO-MAGNON
## (DE LA RACE CRO-MAGNON)

### découvert à Cournon (Puy-de-Dôme)
### en 1889

## Par l'Abbé PINGUET

Ancien Vicaire de Cournon
Curé de Saint-Denis-Combarnazat

Lecture faite à la Société des Amis de l'Université de Clermont
(Procès-Verbal de la séance du 11 mai 1904)

❧✦❧

CLERMONT-FERRAND

IMPRIMERIE MODERNE, A. DUMONT, Direct

15, rue du Port, 15

—

1905

# NOTICE

SUR

# UN CRANE ANCIEN

## Découvert à Cournon (Puy-de-Dôme)

Le crâne dont il s'agit dans cette notice, fut découvert en 1889 à Cournon, gros bourg peu éloigné de Clermont-Ferrand, à plus de trois mètres de profondeur, par des ouvriers qui creusaient une cave dans une marne argilo-calcaire située au pied de la colline qui domine la localité.

Les déblais, ainsi que le crâne, furent jetés dans un coin de la voie publique, et ce n'est que quelque temps après que je pus en recueillir les fragments.

Malgré de nombreuses difficultés, j'arrivais, néanmoins, à reconstruire la voûte cranienne presque en entier. Toute la face antérieure à partir du point nasal n'existait plus.

Le frontal est complet ainsi que le pariétal et le temporal gauches avec son apophyse mastoïdienne. La moitié de l'occipital subsiste. Le point lambdatique est intact, soudé qu'il est au temporal gauche et à un fragment du temporal droit.

J'ai pu prendre les mesures essentielles et découvrir dans la conformation générale, des traits excessivement curieux qui rapprochent ce crâne de ceux de l'ancienne race de Cro-Magnon.

D'autres crânes très curieux à étudier aussi, mais relativement modernes, ont été trouvés dans cette même localité de Cournon, non dans la marne comme le premier, mais dans un ancien cimetière datant au moins du xɪᵉ siècle et sans doute antérieur à cette époque.

M. le docteur Dourif, ancien président de l'Académie de Clermont-Ferrand, a fait paraître, il y a quelques années, un opuscule sur l'église Saint-Hilaire de Cournon, église entourée selon une ancienne coutume du cimetière dans lequel ont été recueillis deux crânes que nous avons également étudiés.

Il est probable que dès l'époque gallo-romaine, ainsi que le croit M. le docteur Dourif, Cournon fut en raison de son site, un lieu choisi par les riches familles pour y établir de nombreuses villas et, naturellement, suivant les mœurs de cette époque, l'antique population autochtone devait se trouver réduite à la condition d'esclave.

Des sculptures en ronde bosse, des dalles tumulaires en marbre blanc à grandes inscriptions lapidaires, des monnaies romaines en argent et en bronze, datant des premiers empereurs, des médailles, une voie romaine dont on voit encore les vestiges, tout témoigne l'importance qu'avait jadis Cournon dès les premiers temps de l'ère chrétienne.

Nous parlerons de ces crânes dans une autre étude, car au point de vue de l'antiquité, il n'y a aucune parité entre eux et celui qui va nous occuper. Ils ne peuvent que corroborer la loi de l'atavisme et démontrer

une fois de plus que les caractères d'une race primitive peuvent se retrouver dans sa descendance malgré
son mélange avec d'autres groupes ethniques.

Un mot tout d'abord sur la situation de Cournon.

Ce bourg est bâti en plein midi, au pied d'une
falaise silico-calcaire produite non par la main de
l'homme, mais par l'érosion des eaux de l'Allier au
commencement de l'époque quaternaire. Elle a été
remaniée postérieurement pour l'exploitation de plu-
sieurs bancs de chaux.

C'était un lieu admirablement disposé pour que
l'homme primitif pût y trouver un abri.

Au Sud-Ouest, il était baigné par les eaux du lac de
Sarliève traversé par un bras de l'Allier, dont le cours
principal, dirigé sud-nord, procédait déjà au creuse-
ment de son lit actuel vers l'est. Il s'avançait dès lors
en forme de promontoire entre ces deux défenses natu-
relles d'où le nom de Cournon, Cornon, du mot latin
*Cornu* « Corne ».

Le crâne qui va nous occuper tout particulièrement
fut l'objet d'une note insérée dans *l'Anthropologie*
(n° de janvier 1890), par M. le professeur Hamy.

M. Biélawski Maurice, qui préparait à cette époque
un ouvrage sur l'Auvergne vint à Cournon tout exprès,
pour se rendre compte de ma découverte. Nous fûmes
ensemble mesurer l'épaisseur de la couche marneuse
qui recouvrait le crâne.

Ayant, au moment même de la découverte pour
ainsi dire, vu les lieux et les objets, M. Biélawski,
dans son ouvrage : « *Le Plateau Central de la France
et l'Auvergne dans les temps anciens* », imprimé
l'année suivante, 1890, pouvait, page 125, signaler la

découverte en pleine connaissance de cause, dans les termes suivants :

« Dans le Puy-de-Dôme, M. l'abbé Pinguet, vicaire
« à Cournon, a recueilli dans cette localité un crâne
« humain trouvé sous une couche d'argile à 3ᵐ 50 de
« profondeur et en contact avec le calcaire lacustre ;
« la trouvaille s'est faite en creusant la cave de
« M. Farnoux, au lieu dit le Château (1889). La très
« haute antiquité de ce crâne est caractérisée non
« seulement par la disparition de la matière organique
« des os, mais encore par l'extrème dolichocéphalie
« du sujet dont l'indice céphalique est de 69,94. Il
« présente une grande analogie avec le crâne de Cro-
« Magnon et se rapproche même de celui de Canstadt,
« en remarquant que la bosse occipitale est un peu
« plus accentuée que chez ce dernier. »

Si cette première mensuration diffère un peu de celle que nous donnons dans la présente étude, cela tient à ce que, à l'époque où M. Biélawski vint à Cournon, le crâne n'était pas reconstitué d'une manière définitive.

J'ai pris postérieurement les soins les plus minutieux pour ne pas commettre d'erreurs et j'ai employé pour les mensurations la méthode de MM. Quatrefages et Hamy, ainsi que la planchette de Broca.

Il y a eu un *lapsus calami* dans la lettre adressée à M. Hamy, qui, dans sa note, mentionne 10 mètres de profondeur ; c'est 10 pieds ou 3ᵐ 30 environ qu'il faut lire.

Mais comme le terrain à pente très accentuée, 45 degrés au moins, a été remanié à sa surface, on peut, sans crainte de se tromper, affirmer que la profondeur du point où était situé le crâne était jadis bien plus considérable.

Le gisement était complètement aggloméré formant une brèche compacte que la pioche seule pouvait entamer.

Aucun autre ossement ne se trouvait avec le crâne, ce qui indique bien que le corps n'avait pas été enseveli en ce lieu. Le crâne *seul* avait été entraîné par les eaux, en même temps que les détritus calcaires à une époque très ancienne, puisque l'éboulis avait eu le temps de se constituer en roche dure et compacte, présentant des assises de stratification.

Voici la coupe de cette falaise et l'emplacement du crâne. (Fig. 1, planche I.)

La coupe est établie du Sud au Nord. Comme on le voit, l'escarpement est composé à fleur de terre d'une couche de pépérino calcaire ainsi qu'on le remarque sur les sommets d'un grand nombre de collines de la Limagne. Au-dessous est le silico-calcaire à *Hélix Ramondii* qui lui-même domine des bancs de chaux intercalés dans du calcaire grossier. C'est à une distance de 20 mètres du pied de l'escarpement que fut effectuée la découverte dans l'immeuble de M. Farnoux.

Dans la figure 2 (planche I), nous donnons la coupe de cet immeuble avec l'emplacement précis du crâne dans la cave que l'on creusait.

Notons encore la découverte, dans le même terrain et à une quinzaine de mètres à l'ouest du crâne sous la falaise même, d'une pointe de lance en silico-calcaire très dur, taillée seulement d'un côté, dans le type du Moustier. L'autre face rappelle les grands cristaux de

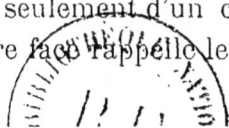

sulfate de chaux et assurément n'a pas été touchée, ou très peu du moins, par la main de l'homme.

L'attache à la hampe, parfaitement indiquée, est formée d'un *nucleus* de silex pur. La matière de cette lance a sûrement été prise sur les lieux mêmes.

Nous ne pouvons affirmer qu'il y ait une corrélation entre elle et le crâne ; néanmoins, cette découverte fait ressortir la légitimité de la supposition que nous avons déjà faite, qu'à une époque ancienne, à l'âge de la pierre, l'homme avait établi son habitat au pied de la falaise de Cournon.

Je donne ici, dans la figure 3 (planche I) la reproduction en grandeur naturelle des deux faces de cette pointe moustérienne.

Quelques années après, en 1894, j'ai découvert une autre pointe du même type mais bien moins conservée car elle est ébréchée sur presque tout son pourtour. Elle est en silex pur, absolument translucide. J'en donne la représentation, dans la figure 4 (pl. II), en grandeur naturelle. Dans la même grandeur, fig. 5, nous donnons la reproduction d'une pointe du même type, mais bien moins grande que notre lance. Elle a été trouvée, le 24 juillet 1903, par M. Maurice Biélawski, le grand chercheur auvergnat, toujours heureux dans ses trouvailles.

De même grandeur que celle de la fig. 5, une autre pointe moustérienne a été aussi découverte par lui à Nonette qui, comme Cournon, est un promontoire s'avançant sur le fleuve Allier. Coïncidence curieuse qui démontre l'existence de la race de Cro-Magnon sur divers points du plateau Central.

Les hommes de la race de Cro-Magnon à laquelle

on peut rattacher le crâne qui nous occupe, ainsi que nous le verrons bientôt par les mensurations, vivaient, dit M. le docteur Verneau, « presque toujours à l'entrée « des cavernes, dans les grottes peu profondes et les « abris formés par les escarpements rocheux, au bord « des rivières poissonneuses. Or, tout dans ces « demeures indique un séjour prolongé. L'homme « tenait déjà à son habitation et il ne devait en chan- « ger que pressé par la nécessité; l'abondance du « gibier ne le mettait guère dans cette obligation. »

Tous ces préliminaires nous ont semblé utiles avant de commencer l'étude proprement dite du crâne Cournonien.

*Crâne de Cournon.* — Tant soit peu qu'on s'occupe d'études anthropologiques on est frappé par la longueur du crâne et par sa largeur frontale, en un mot, par son extrême dolichocéphalie.

Les figures jointes aux mensurations permettront mieux encore qu'une description uniquement technique, de juger de la réalité des conclusions qu'on est en droit d'établir.

### DIAMÈTRES

| | |
|---|---|
| Diamètre antéro-postérieur, maximum. | 203 |
| — Transverse, maximum. . . . | 143 |
| — Frontal, maximum . . . . . | 125 ?? |
| — Frontal, minimum. . . . . . | 105 |
| — Vertical basilo-bregmatique . | 131 ?? |
| Indice céphalique . . . . . . . . . | 70,9 |

Ces mesures, les seules que l'on puisse prendre, nous montrent une ressemblance remarquable avec un crâne connu, celui de vieillard, trouvé par M. Lartet, en 1868, à Cro-Magnon, dans la localité des Eyzies, commune de Tayac (Dordogne), qui a donné son nom à la deuxième race fossile humaine.

Comme celle de Canstadt, la race de Cro-Magnon a imprimé son empreinte aux habitants actuels de certaines contrées de l'Europe occidentale.

S'étendant au nord jusqu'en Picardie et à la province de Liège, à l'est, jusqu'aux bords du Rhin, en Franche-Comté, en Dauphiné et même au royaume de Naples, il n'y a rien d'étonnant que cette race, malgré son peu de densité, se retrouve sur le Plateau Central. Il est tout naturel de penser que le site de Cournon, que nous venons de décrire, ait été pour elle une habitation privilégiée.

La capacité du crâne de la race de Cro-Magnon est énorme, dit Broca ; la dolichocéphalie extraordinaire et le développement de la région occipitale très accentué.

Or, tous ces caractères se retrouvent dans le crâne Cournonien.

Vu son état incomplet, il n'a pas été possible de mesurer sa capacité cranienne, mais au simple jugé, il est incontestable qu'elle devait être considérable.

Etablissons un tableau comparatif du crâne de Cro-Magnon et de celui de Cournon. Nous prendrons pour terme de comparaison les seules mesures que ce dernier nous a fournies,

|  | Cro-Magnon | Cournon |
|---|---|---|
| Diam. Antéro-post. . | 202 | 203 |
| — Transv.-max . | 149 | 143 |
| — Frontal-max. . | 126 | 125 |
| — Frontal- min. . | 103 | 105 |
| Indice céphalique. . . | 73,76 | 70,90 |

La coïncidence de ces mensurations est assez éloquente par elle-même.

La dolichocéphalie du crâne de Cournon est même davantage prononcée que celle du crâne de Cro-Magnon.

Le diamètre antéro-postérieur est plus élevé et le diamètre transverse-maximum, moindre. L'indice céphalique n'atteint donc que 70,9.

Nous donnons dans les figures 6 et 7 les formes verticale et horizontale du dit crâne en demi-grandeur (planche II) ; dans la figure 8, sa vue de face ; dans la fig. 9 sa superposition en demi-grandeur avec le crâne de Cro-Magnon (*norma verticalis*, trait fort : crâne de Cournon ; trait faible : crâne de Cro-Magnon), planc. III.

Il est fort regrettable que le format de l'imprimeur ne nous permette pas de donner toutes ces figures en grandeur naturelle ; je donne dans la planche IV la superposition du crâne de vieillard de Cro-Magnon, n° 1, avec le crâne de Cournon, dans la norme horizontale. Le trait faible représente le contour du crâne de Cro-Magnon et le trait fort celui de Cournon. La ligne AB est la ligne nommée Glabello-Lambdatique.

Ce que les mensurations nous fournissaient déjà au point de vue de la ressemblance, devient encore plus sensible par les superpositions, surtout par celle de la figure 11 (planche IV).

Entrons dans plus de détails. Le frontal est très allongé. Du point nasal au bregma, nous obtenons une courbe dont le développement donne 0,130.

Le sphénoïde et le temporal, jusqu'à l'ostérion, est de 0,131 en longueur. Il est difficile de se prononcer sur les pariétaux ; la partie du seul qui subsiste démontre pourtant leur allongement.

L'occipital est très déjeté en arrière et il descend par une courbe brusque au grand trou de l'occiput.

La suture coronale est bien indiquée ; on la suit facilement dans tout son parcours, bien que la soudure ne soit point libre.

La suture pariéto-mastoïdienne est libre tandis que la sagittale est entièrement effacée, la soudure étant complète.

Les arcs sourciliers sont peu prononcés et font à peine saillie sur la glabelle.

La courbe orbitale est brisée vers l'apophyse orbitaire externe à la suture fronto-molaire. Les seules mesures de la face qu'on puisse prendre sont les distances orbitaires.

Distance interorbitaire prise aux dacryons, 0,024.

Distance biorbitaire externe, c'est-à-dire, le plus grand écartement des apophyses orbitaires externes du frontal, mesuré au niveau des articulations frontojugales, 0,111.

Distance biorbitaire interne, 0,105.

La figure 9 (planche III) nous donne en demi-grandeur la superposition dans la norme verticale du crâne de Cournon et de celui du vieillard de Cro-Magnon.

Ainsi que nous venons de le dire, cette superposition nous montre une ressemblance extraordinaire entre les deux crânes, ce que d'ailleurs les mensurations nous avaient fait entrevoir.

Comme il est facile d'en juger par cette figure, le frontal cournonien est moins développé à sa surface temporale que celui de Cro-Magnon n° 1. Les Gla-

belles et les Lamda coïncident d'une manière presque
absolue.

Le crâne de Cournon ne semble pas parfaitement
régulier, il paraît être un peu déjeté sur la droite.
Cela provient, non de sa conformation naturelle, mais
uniquement de sa reconstitution, car malgré les soins
apportés, il est bien possible qu'une légère déviation
se soit produite.

Nous avons pris dans la figure 10 (planche IV), les
crânes de Cro-Magnon n°s 1 et 2, celui de Grenelle
n° 1 qui, d'après Broca, est du même groupe ethnique,
et nous les avons superposés à celui de Cournon en
demi-grandeur suivant la ligne Glabello-Lambdatique.

Dans la figure 11 (planche IV), les deux crânes de
Cournon et de Cro-Magnon n° 1, superposés de demi-
grandeur, nous montrent d'une manière encore plus
saisissante leur ressemblance presque parfaite.

Dans le crâne Cournonien, ainsi que dans ceux de
Cro-Magnon, masculins et féminins, de Laugerie-
Basse, de Grenelle, de Salutré, d'Engis, de l'Homme
mort à Saint-Pierre-des-Tripiés (Lozère), nous remar-
quons comme caractère particulier de cette race, le
dejettement très accentué de l'occipital en arrière, les
arcs sourciliers peu prononcés, le frontal peu fuyant,
ce qui différencie d'une manière très nette ce groupe de
celui de Canstadt franchement dolicho-platycéphale
que les anthropologistes considèrent comme le plus
ancien que nous connaissions jusqu'à ce jour.

## CONCLUSIONS

De ces différentes comparaisons et des mesures effectuées, ne sommes-nous pas en droit de supposer qu'il existe entre le crâne de Cournon et ceux de la race de Cro-Magnon, une grande parenté, sinon une analogie parfaite.

Certes, l'éboulis dans lequel il a été découvert n'indique pas son âge d'une manière absolue. Pour cela, il aurait fallu trouver près de lui les instruments dont l'homme se servait à l'époque paléolithique, ce qui fixerait son âge.

La pointe de lance trouvée à peu de distance du crâne, les deux autres pointes moustériennes découvertes dans les mêmes parages semblent bien se rapporter à l'âge du crâne et nous fixer par conséquent sur son antiquité. Elles démontrent toujours que l'homme habitait la falaise de Cournon à l'école paléotithique.

En tous cas, nous pouvons dire que la brèche n'a pas été touchée par la main de l'homme jusqu'à l'époque de la découverte du crâne et que sa formation stratifiée la fait remonter à une époque reculée.

Par des pluies torrentielles, le crâne a du être entraîné de sa sépulture primitive située au pied de la falaise jusqu'au point où il a été découvert, et il a fallu un temps considérable pour que des strates silico-calcaires et argileuses très denses et très dures se soient formés au-dessus de lui.

De plus, ce qui n'est pas un fait de moindre importance, nous ferons remarquer que l'analyse chimique d'un fragment de ce crâne ne m'a donné aucune trace de substance azotée. Les os sont dépourvus de matière organique ; ils sont pétrifiés, pour employer une expression vulgaire. Les phosphates eux-mêmes, ont disparu ; or, on sait que les matières organiques constituant les tissus osseux subsistent pendant un temps considérable, des siècles même.

Leur absence dans le crâne Cournonien, la pétrification complète de son ossature, la pointe moustérienne trouvée non loin de son gisement, les autres pointes moustériennes découvertes dans les mêmes parages, la similitude presque semblable des mensurations, tout nous incite à penser que ce crâne date d'une époque très ancienne, de l'âge même où la race de Cro-Magnon avait son extension la plus grande dans l'Europe occidentale et particulièrement dans la France et par cette étude que nous venons de faire, dans le plateau central lui-même.

Clermont, Imp. Moderne, A. Dumont, Dr.

Planche I

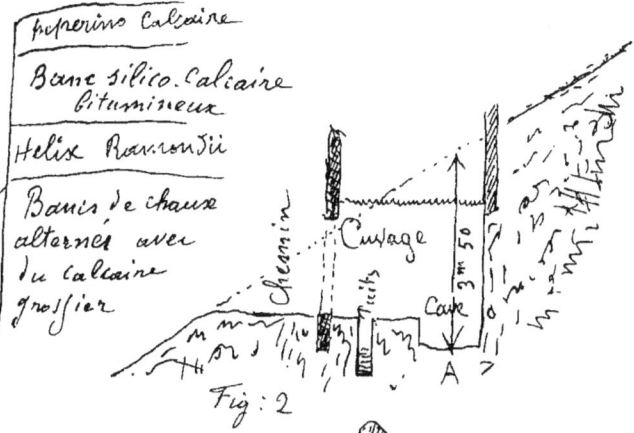

Fig: 1

peperino Calcaire

Banc silico. Calcaire bitumineux

Helix Ramondii

Bancs de chaux alternés avec du calcaire grossier

Cournon

marne calcaire

A

Chemin

Cuvage

puits

Cave

3m 50

A

Fig: 2

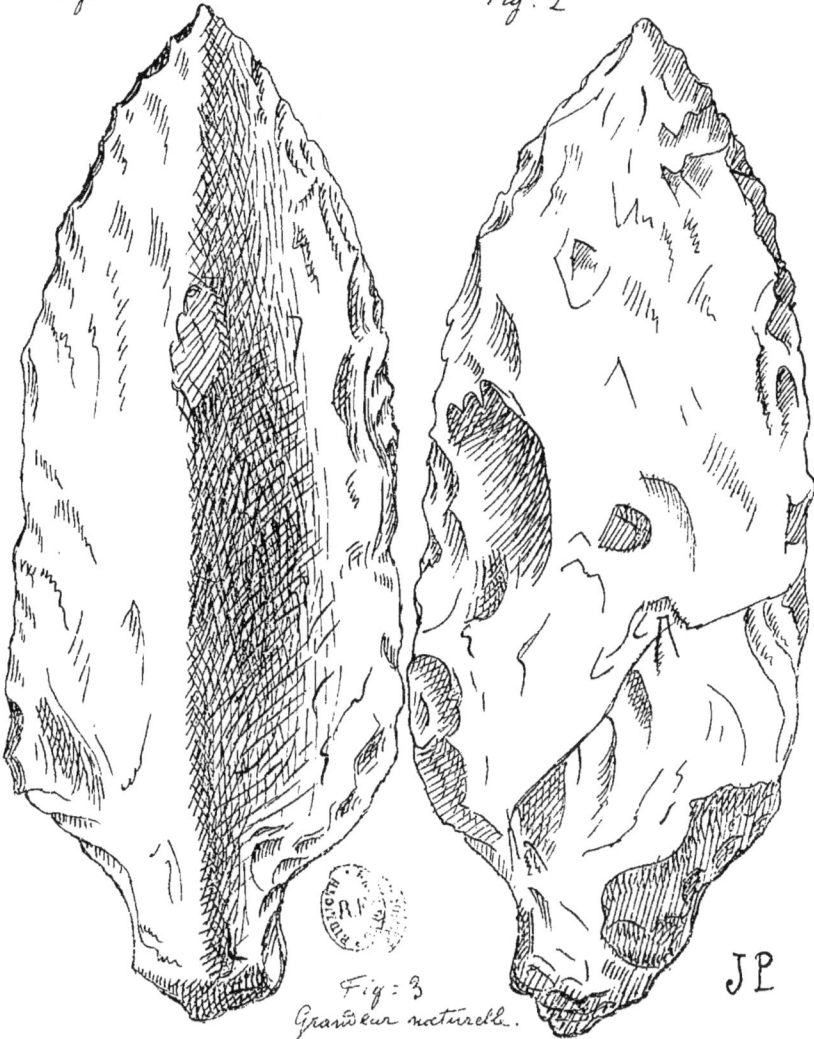

Fig: 3
Grandeur naturelle.

JP

Planche II

Fig: 4 gᵈ nat.

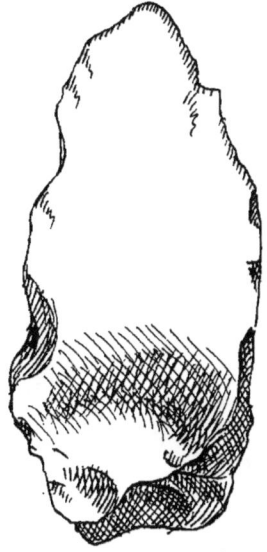

Fig: 5 gᵈ nat.

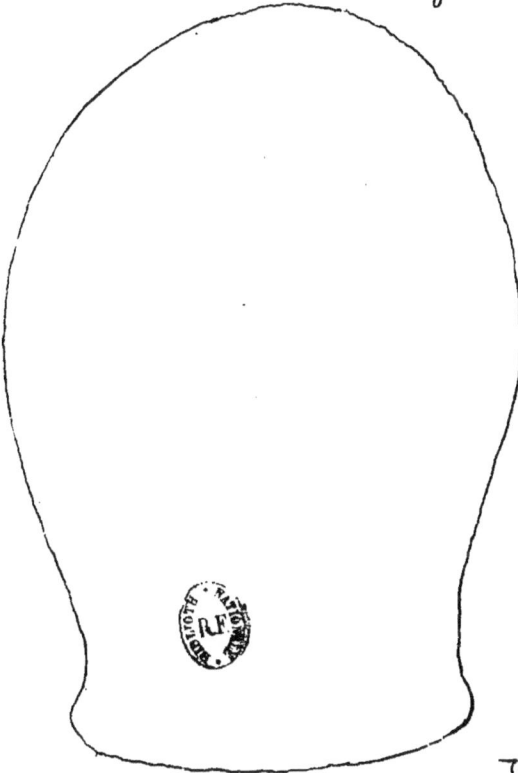

Fig: 6. ½ grandeur
norma verticalis

J.P. delin.

Planche III

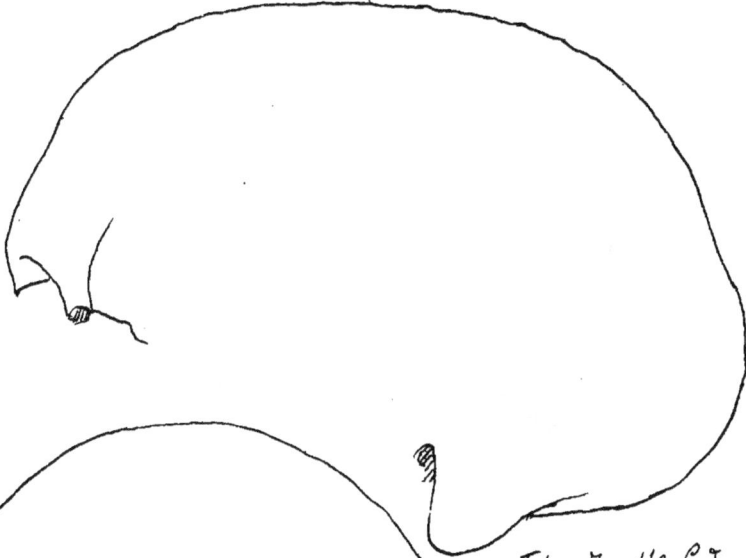

Fig: 7   1/2 Gd.
Norma horizontalis

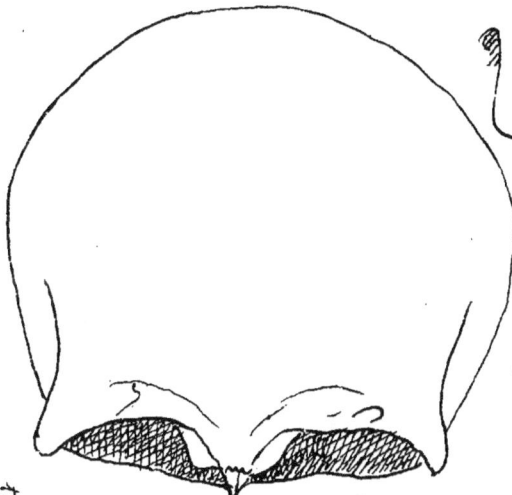

Fig: 8  Le crâne vu
. de face

Fig: 9  Norma verticalis 1/2 Gd.
trait fort (crâne de Cannon); trait faible
Cro-Magnon —

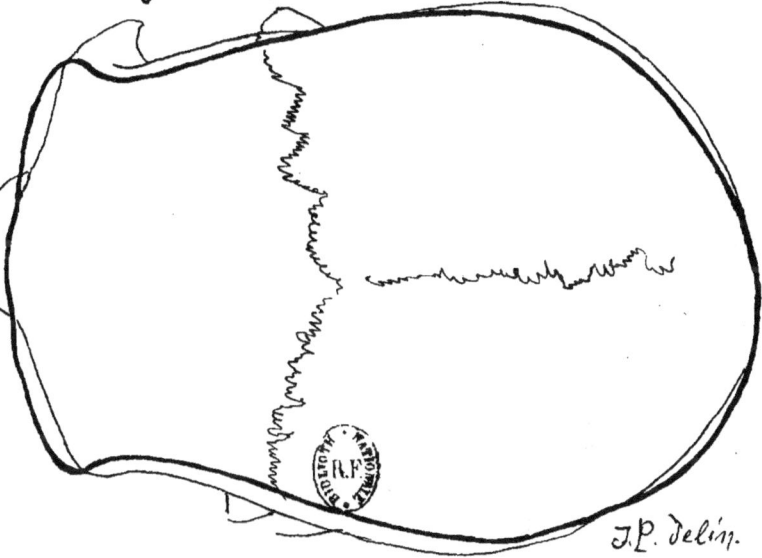

J.P. delin.

Planche IV.

Fig: 10, ½ G.S

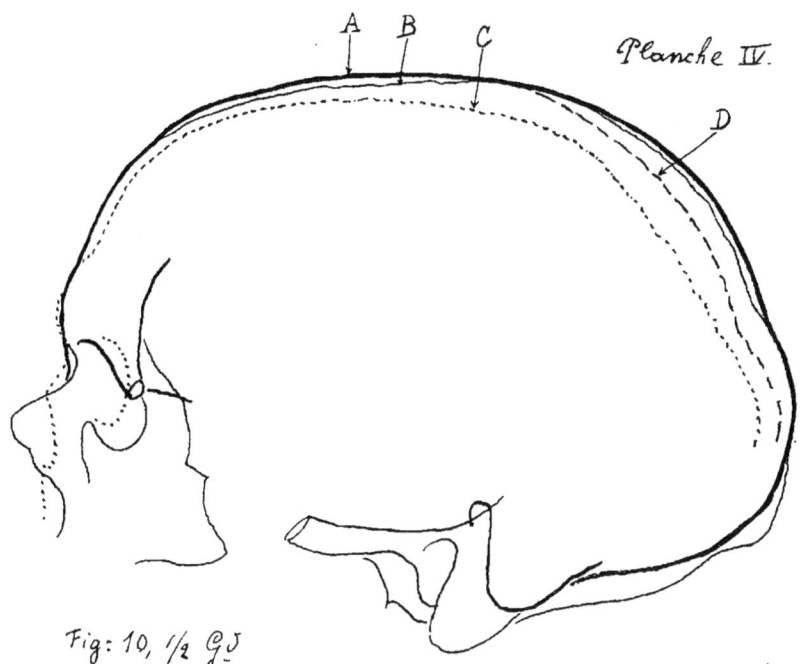

Superposition des Crânes de Cournon n°1 (A), de Cro-Magnon n°1 (B) et n°2 (D); de Grenelle n°1 (C) —

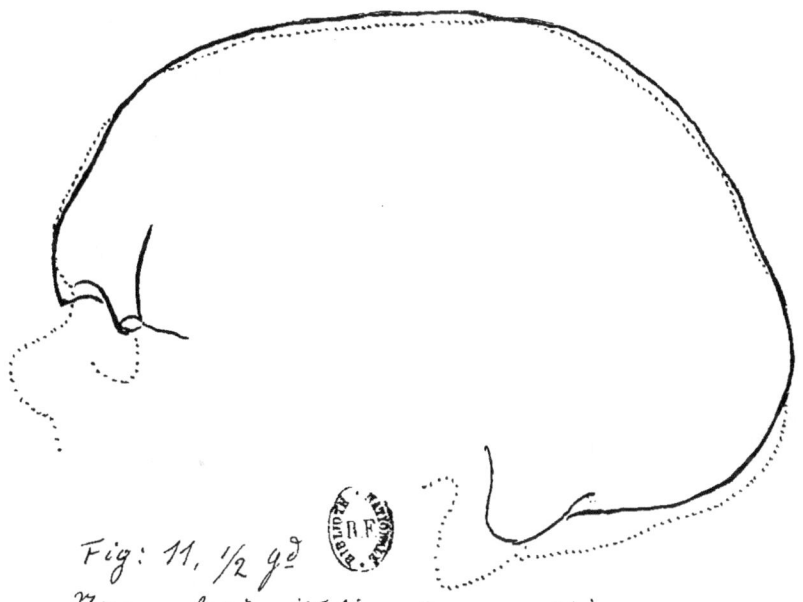

Fig: 11, ½ g.d

Norma horizontalis: Superposition des Crânes de Cro-Magnon. (vieillard), trait pointillé et de Cournon, trait fort. —

J.P. Selineant

www.ingramcontent.com/pod-product-compliance
Lightning Source LLC
Chambersburg PA
CBHW070744210326
41520CB00016B/4573